À Paris,
CHEZ M.ME BUZARD, LIBRAIRE
Rue de l'Éperon, n.
1828.

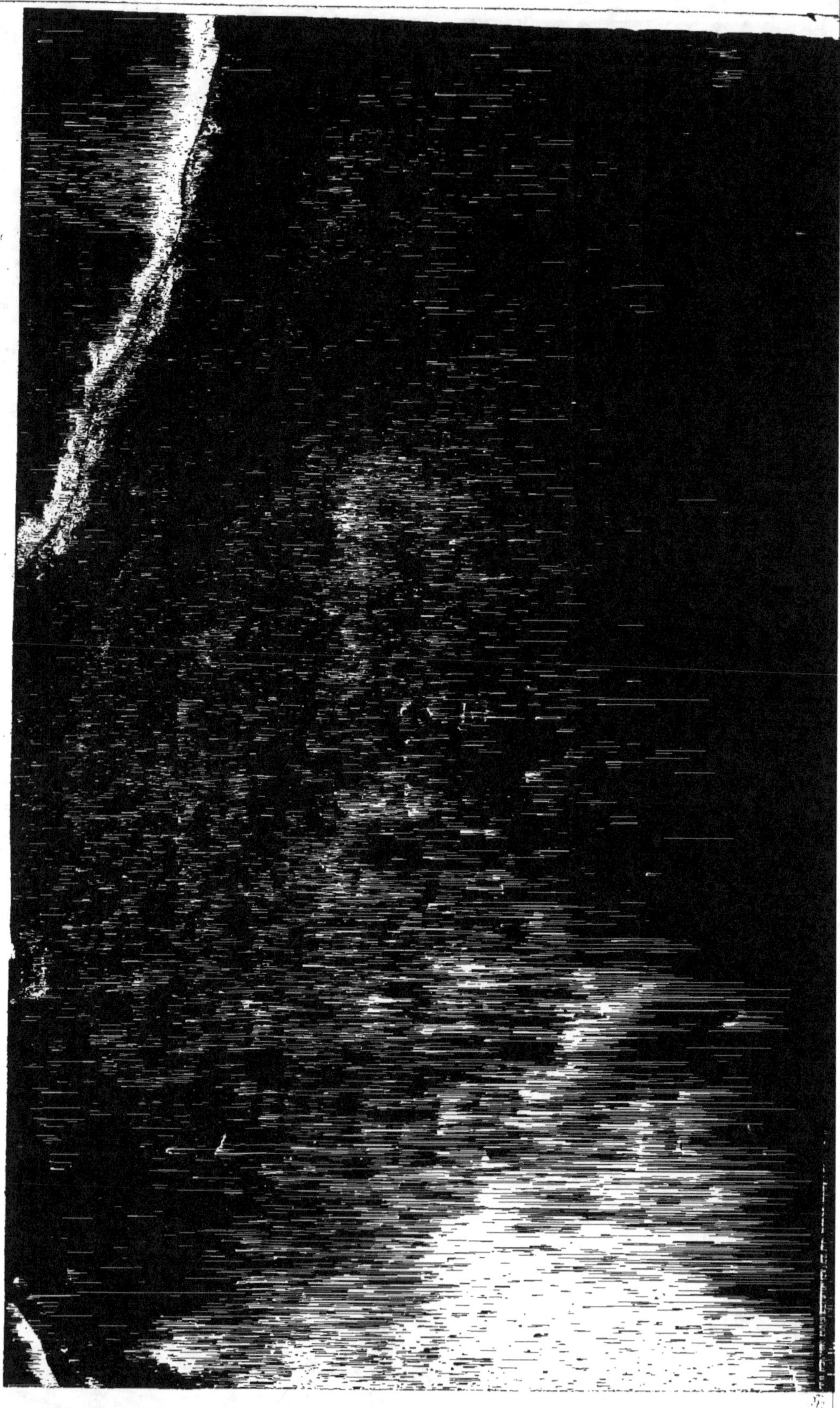

STÉNOGRAPHIE.

IMPRIMERIE

DE MADAME HUZARD (NÉE VALLAT LA CHAPELLE),
rue de l'Éperon, N°. 7.

STÉNOGRAPHIE

D'Astier.

Nouveau Système

imité

DE L'ÉCRITURE USUELLE,

ET PROPRE, SANS CHANGEMENS,

AUX LANGUES FRANÇAISE ET LATINE,

comparé

AVEC LA STÉNOGRAPHIE DE TAYLOR

ET CELLE

DE M. CONEN DE PRÉPÉAN,

A L'AIDE DESQUELLES. ON SUIT AUJOURD'HUI LA PAROLE.

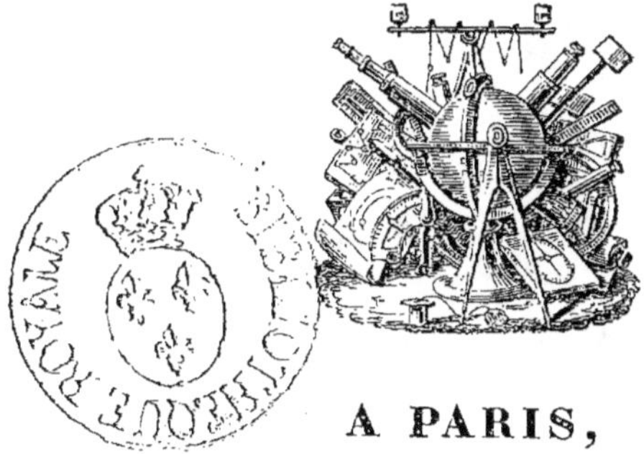

A PARIS,

CHEZ
L'AUTEUR, RUE DES DEUX-PORTES-SAINT-SAUVEUR, N°. 31 ;
Madame HUZARD, LIBRAIRE, RUE DE L'ÉPERON, N°. 7 ;
DENTU, LIBRAIRE, PALAIS-ROYAL ;
MAIRE-NYON, LIBRAIRE, QUAI CONTI, N°. 7.

1826.

La Sténographie n'aurait jamais eu besoin d'apologistes si elle eût pu naître dans un état complet de perfection; il n'est point d'homme instruit qui n'en reconnaisse l'utilité, ou n'ait senti le besoin d'abréger l'écriture.

La pratique de cet art exige encore des connaissances préliminaires, cette pénétration, qu'on ne peut avoir que dans l'âge où des études, où des occupations sérieuses absorbent tous nos instans, où toute autre application cède à l'ascendant des plaisirs; et la Sténographie, devenue le partage exclusif de ceux qui ont pu en faire une étude spéciale, n'est généralement appréciée aujourd'hui que comme un moyen de recueillir la parole.

Cette nouvelle Sténographie donnera l'essor à cet art, elle engendrera même des ressources inconnues à tous les autres systèmes : propre, par la simplicité de ses principes, à remplir les loisirs des premières années d'étude, elle étendra son utilité sur le cours entier de l'éducation.

L'écolier, désormais uniquement occupé du développement de sa pensée, n'en sera plus distrait par le temps de l'écrire ; sa plume courant, pour ainsi dire, sans guide sur le papier, la lui reproduira sous autant de versions différentes que son imagination en aura conçu ; la rapidité avec laquelle ses idées s'offriront à ses yeux, ne lui laissant point de relâche, maintiendra son esprit dans la voie du sujet qui l'occupera ; et lorsque, enfin, il croira son travail convenablement fixé, la mise au net de ses brouillons sténographiques en caractères usuels lui fera naître de nouvelles réflexions, l'obligera à le commenter plus mûrement encore, et le lui montrera infailliblement sous un autre jour. On sait qu'un ouvrage imprimé, quelque mauvais qu'il soit, paraît plus supportable qu'en manuscrit ; de même, le passage d'un discours dans deux écritures aussi différentes, influe sur la manière de le juger.

La nouveauté de ce type, son aspect mystérieux, la facilité d'en pénétrer le secret, la quantité de choses renfermées dans le plus court espace, tout contribue, dans cette écriture, à piquer la curiosité, à occuper l'esprit, à le forcer à l'application et à faire naître l'amour du travail. La nécessité de beaucoup copier et de se relire ensuite, les progrès sensibles d'une leçon à une autre, le désir et l'assurance du succès, le plaisir de grossir le recueil de ses compilations, sont un moyen détourné de s'instruire et de fortifier sans peine la mémoire. Ce procédé enfin développera de bonne heure le goût de la composition, et déploiera toutes les ressources de cet art dans l'âge même où l'on pourrait à peine aujourd'hui commencer l'étude des autres systèmes.

Cette faculté abréviatrice, qui permet, dans cette Sténographie, de resserrer quatre ou cinq lignes de l'écriture usuelle en une seule, ne restera pas sans effet sur ceux que l'étude fatigue ou effraie. Trompés par cette apparence de laconisme, ils perdront entièrement de vue l'étendue de leurs devoirs; et, séduits par la force de l'illusion, on verra les jeunes gens s'empresser d'eux-mêmes de les traduire en Sténographie pour les apprendre plus facilement.

Le soin avec lequel on s'est attaché, dans cette Sténographie, à donner aux signes la plus exacte ressemblance avec les lettres qu'ils représentent, en abrège l'étude au point que quelques momens d'observation suffisent pour posséder la connaissance de l'alphabet. Cette similarité des signes, se communiquant nécessairement aux mots, fait de cette écriture une équisse souvent frappante et reconnaissable de l'écriture usuelle : le développement et la simplicité des signes, leur inclinaison régulière et toujours tombante dans le sens de la coulée et de la ronde, rendent leur exécution presque aussi rapide que celle de ces deux écritures, et incomparable à celles des autres Sténographies, dont la marche vermiculaire et cassée interrompt continuellement l'élan et la direction de la main : sous ce rapport, au contraire, ce nouveau type est un exercice vraiment propre à la enhardir et à la disposer à tous les genres d'écriture.

Chaque mot sténographié est, pour ainsi dire, le type d'une observation mnémonique; les noms propres, les noms de ville, les termes de sciences et d'arts, dont l'étude est si aride, réduits par ce moyen à deux ou trois traits de plume, forment des groupes dont l'ensemble est bien plus facile à retenir qu'avec la complication des caractères ordinaires : la régularité ou la singularité de leur forme, leur étendue ou leur exiguité, leur rapprochement avec le mot qu'ils expriment, sont de ces remarques qui font sur l'œil exercé une impression pour ainsi dire ineffaçable.

Un signe semblable à un *y* représente, dans cette écriture, le mot *zodiaque*. Il est assurément plus facile à celui pour qui ce mot est nouveau de se rappeler qu'il a en sténographie la forme d'un *y* que d'en retenir la prononciation. D'autres signes poussent leur analogie avec l'écriture usuelle jusqu'à former une lettre du mot même qu'ils représentent : un *p* signifie *promis;* le *f* coulé exprime le mot *veuf*, en bâtarde et sans barre il forme le mot *vif ;* on retrouve des fragmens très-reconnaissables des lettres *p l* dans le mot *parlement;* il est impossible de n'être point frappé de la ressemblance des mots *proprement, complément, cloporte,* avec leurs signes ; et il n'est point de lettre dans l'alphabet ordinaire qui, soumise à l'analyse sténographique, ne décèle une pensée.

Un seul de ces mots dans une ligne sténographiée est un phare qui éclaire et guide la pensée, la pénètre du sens des phrases auxquelles il se rattache, aide et fixe la mémoire comme la mesure et la rime rappellent un vers, comme quelques mots analysés d'un discours suffisent, sinon pour en rétablir le texte, du moins pour en reproduire toutes les idées.

Envisagés sous des points de vue différens, on voit les avantages d'une bonne sténographie se perpétuer d'âge en âge ; l'homme de lettres, sur son déclin, y retrouvera son ancienne énergie ; elle sera pour sa main défaillante ce que sont pour la vue les trésors de l'optique. Lorsque ses facultés physiques l'abandonnant le forceraient à renoncer au travail pénible de l'écriture , par le secours de la Sténographie, il pourra encore rivaliser au moins de vitesse avec l'écrivain le plus habile. Que d'ouvrages alors qui n'auraient jamais été entrepris ou achevés, viendront enrichir notre littérature, chargés des fruits d'une savante et longue expérience !

Le régime de cette Sténographie, dégagé en outre, par sa seule coïncidence avec la prononciation et son inconcevable brièveté, de tout ce qui peut, dans les autres procédés et dans l'écriture même, commander la réflexion et par conséquent troubler les idées, en fera un exercice machinal auquel la main, bientôt routinée, se prêtera comme par instinct au moindre élan de l'imagination. L'homme de lettres alors, dans la sécurité du cabinet, à-la-fois écrivain et orateur, ajoutera les brillantes inspirations d'une improvisation libre et rapide à celles qui naissent d'une paisible et profonde méditation.

Un tel procédé deviendra bientôt d'un secours indispensable aux jeunes gens qu'une heureuse vocation destine à l'éloquence de la chaire : pouvant en quelques coups de crayon saisir et fixer, dans le plus petit espace, leurs premières idées, et les embrasser ensuite toutes d'un seul coup-d'œil, ils s'en aideront dans leur narration; elles les inspireront de nouveau, et ils n'auront plus à regretter de ces pensées précieuses qui, souvent plus promptes à s'évanouir que l'éclair, échappent à la moindre distraction et sont ordinairement perdues sans retour.

La vue, cet arbitre impérieux de tous nos travaux, dont la sensibilité exige tant de ménagemens et ne résiste souvent pas à l'aspect des caractères communs, trouvera dans la délinéation de ceux-ci un précieux soulagement.

Le peu d'espace et de traits que l'œil doit parcourir pour fournir à l'imagination la même somme d'idées que dans une bien plus grande étendue de l'écriture usuelle, ne captive presque pas l'attention, et comme, quelque bref que soit le signe, il faut toujours à l'esprit le même temps pour en concevoir le sens, l'œil parcourt presque insensiblement la ligne d'écriture et a toute latitude pour en analyser et fixer tous les signes: la lecture d'un manuscrit écrit dans ces caractères doit donc être infiniment plus douce et plus coulante.

Les abréviations N^o., M^r., Mme. tendent bien moins la vue que les mots *Numéro, Monsieur, Madame*, et l'œil perçoit bien plus rapidement la figure du millésime suivant qu'on ne peut mentalement en faire l'énumération, exemple :

$$9999,$$

neuf mille neuf cent quatre-vingt-dix-neuf.

L'effet contraire est saillant dans la transfiguration de ce nombre en lettres ordinaires, ici c'est évidemment la pensée qui attend, qui presse le travail des yeux.

Enfin, dans les voyages de long cours, dans les correspondances lointaines, on sentira tout le prix d'une écriture aussi expéditive et aussi laconique; et ses caractères symboliques, nuls et sans objet pour la multitude, apposeront en outre le scel du secret sur les travaux de ceux qui les mettront en pratique.

Quant à la possibilité de suivre avec cette Sténographie la vélocité de la parole, la supériorité abréviative dont elle jouit sur celles dont on se sert journellement, et auxquelles elle est comparée en regard du frontispice de cet ouvrage, en serait une preuve suffisante si l'on ne pouvait s'en convaincre en suivant du doigt ou de la plume les signes de la première ligne de la planche 10, reproduits dans cette comparaison. La planche 10 est un exemple complet de cette écriture, formé du même sujet qu'a choisi l'auteur de la Sténographie exacte; les personnes qui la pratiquent ou la connaissent pourront en faire un plus ample rapprochement.

Le système de la Sténographie anglaise repose sur le rejet absolu des voyelles initiales et intermédiaires ; les mots que figure cette écriture, dans la comparaison qui en est faite avec celle-ci, y sont rendus par les seules lettres *·lj, mrmrr, chrl, rxn, ·xpdson, lon, ·mj.*

La Sténographie exacte a beaucoup perfectionné ce mode énigmatique par l'introduction d'un assez grand nombre de voyelles ; mais la nature de ce système n'ayant pu fournir autant de signes que son alphabet comporte de lettres, presque toutes se trouvent n'avoir qu'un signe pour deux. Lorsqu'un mot n'est composé que de lettres qui forment la première acception de ces signes, il peut se relire sans difficulté, puisqu'il est naturel d'interpréter d'abord chaque signe par sa première signification ; mais lorsque ces signes doivent être pris, les uns dans leur première acception, les autres dans leur dernière, c'est alors que le doute commence, et qu'une obscurité impénétrable se répand principalement sur les noms propres et sur les expressions inconnues au lecteur.

L'auteur, pour rétablir l'équilibre de son alphabet, multiplie ses signes par l'addition d'un point ou d'un trait, et fait ainsi d'un *a* un *o*, d'un *d* un *l*, etc. Ce moyen, qui complique l'écriture sans produire une lettre de plus, ne peut qu'accompagner les premiers essais, et ne résiste point à l'impérieuse nécessité d'abréger lorsqu'on veut suivre la parole.

Un défaut non moins grave de cette Sténographie, est la difficulté d'y exprimer deux consonnes contiguës, comme *pl*, *pr*, *st*, etc. ; ces lettres s'y traduisent toujours comme suivies d'un *e*, c'est-à-dire *pele*, *pere*, *sete*. Cette convention, de laquelle il résulte l'économie d'un signe toutes les fois que cette voyelle est nécessaire, devient un moyen très – défectueux lorsqu'au contraire elle est surabondante, on se trouve écrire *seteriqete*, *seterabiseme*, *Peterareqe*, pour *strict*, *strabisme*, *Pétrarque*.

Malgré la quantité de traits et de points qui surchargent les mots cités dans l'exemple de cette écriture, ces mots n'y sont pas encore aussi fidèlement rendus que dans cette nouvelle Sténographie; on y lit *muremuré*, *Charele*, *exepédition*; et dans celle-ci, qui est beaucoup plus rapide que la première, dégagée même de tous ces traits et points, *murmuré*, *Charle*, *expédition*.

Cette nouvelle Sténographie ne tient sa brièveté de la suppression d'aucune lettre, mais seulement de l'extrême simplicité des signes et de l'identité dont ils sont susceptibles.

Tous les signes des consonnes se composent
d'un jambage droit et descendant, que l'on
peut prolonger indéfiniment sans en changer la
forme caractéristique : par leur forme, on exprime une lettre, et par leur dimension une
autre, comme si l'on convenait que le *l* bouclé,
qui figure un *e* allongé, représentât cette voyelle
à cause de sa forme, la lettre *l* à cause de sa
grandeur, et figurât par conséquent la syllabe
el, d'où il suivrait qu'en formant le *i* dans la
même proportion que le *l*, on écrirait le mot
il d'une seule lettre et sans multiplier les caractères alphabétiques.

La précision que paraît nécessiter l'exécution
de ce mode ne fait pas plus difficulté ici que dans
l'écriture ordinaire. On voit, par cet exposé,
que cette Sténographie doit se composer de petites et de grandes lettres : les premières se
rangent uniformément sur une ligne tracée, et
forment un corps d'écriture régulier, duquel
ressortent en sens divers les signes agrandis,
comme dans l'écriture les lettres *p, f, l,* etc.

Le laconisme de ce traité ne permettant pas
d'en faire une plus longue analyse, je me bor-
nerai à assurer le lecteur que, sous le rapport de
l'exactitude, cette Sténographie n'est pas moins
surprenante que sa brièveté, et qu'on ne peut
désirer un alphabet plus complet : toutes les

consonnes y ont leur signe propre et distinct;
la production des voyelles, qui a été jusqu'ici
la pierre d'achoppement de tous les abrévia-
teurs, s'y opère avec une précision infaillible;
ses principes, brefs et immuables de leur nature, ne se prêtent à aucune modification, et
sont, pour le commençant, les mêmes que pour
le praticien consommé.

Enfin, depuis plus de huit années que les
bases de ce système sont posées, des soins as-
sidus, une observation constante n'ont pu dé-
terminer d'autres changemens que ceux qui de-
vaient naître de l'application des signes que j'ai
reconnu fonctionner plus avantageusement sous
telle signification que sous telle autre, et le
sténographe que la lecture d'un seul mot em-
barrasserait, pourrait affirmer d'avance, quelque compliqué ou exigu qu'il fût, que ce mot a
été mal écrit.

Comparaison.

de

Cette nouvelle Sténographie

avec

Celles de Taylor et de M. Conen de Prépéan.

EXEMPLE

Mots Sténographiés	Eloge,	Murmurer,	Charles,	Roxane,	Expédition,	Lion,	Hommage.
Stén. de Taylor							
Stén. de M. Conen de P.							
Nouv. Sténographie							
Traduction des signes							
Stén. de Taylor	·lj	mrmrr	chrl	rxn	xpdson	lon	mj
Stén. de M. Conen de P.	éloj	muremuré	charel	roxane	exepedision	lion	omaj
Nouv. Sténographie	éloj	murmuré	charle	roxane	expedision	lion	omaj

Autre Exemple *extrait de la planche VII. de la Sténographie de M. Conen de Prépéan de la 1 édit*

L'esprit de l'homme s'est signalé par mille découvertes dignes d'admiration ; mais s'il en est une dont il puisse surtout

Stén. de M.C. ......

Nouv. Stén. ......

Sténographie.

NOUVEAU SYSTÈME

IMITÉ DE L'ÉCRITURE USUELLE.

Instruction.

Formation des Syllabes Sténographiques.

L'ORTHOGRAPHE française est physiquement incompatible avec le but de la sténographie; la vélocité de la parole ne permet point à l'écrivain d'en observer les règles. Les mots se réduiront donc à leur expression la plus simple, c'est-à-dire à leur exacte prononciation, et l'on écrira *asm*, *amo*, *fam*, au lieu de *asthme*, *hameau*, *femme*.

Les lettres dont la prononciation varie se représenteront par celles dont elles prendront le son. On emploiera le *f* pour le *ph*, comme dans *philosophe*;

2

le *j* pour le *g* doux, comme dans *juge*; le *q* pour le *c*, le *ch* durs, et le *k*, comme dans *caquet, chœur, alkali*; le *s* pour le *c* doux et le *t*, comme dans *glace, garçon, portion*; le *y* pour le *l* mouillé, comme dans *meilleur*, et l'on écrira *filosof, juj, qaqè, qeur, alqali, glas, garson, porsion, meyeur*.

On supprimera à la fin des mots le *l* et le *r* après les consonnes *b, c, d, f, g, p, t, v*, l'articulation de ces deux lettres dans ce cas étant presque insensible. On écrira *aimab, tabernac, escland*, pour *aimable, tabernacle, esclandre*.

Les lettres ordinaires se représentent toutes par de nouveaux signes, dont l'extrême simplicité contribue essentiellement à la brièveté de cette écriture.

Les consonnes se reproduisent de trois maniéres différentes, selon la place qu'elles occupent dans les syllabes, et prennent, pour l'intelligence du discours, les dénominations de *consonnes initiales, finales* et *médiantes*.

On considère comme *initiale* la première ou l'unique consonne d'une syllabe, bien que cette lettre la termine, comme le *l* dans *lui, loir, il*.

On nomme *finale* la dernière de deux consonnes qui, dans la même syllabe, sont séparées par les voyelles, comme le *l* dans *bal, ciel*;

Et *médiante*, la dernière de deux consonnes qui se suivent immédiatement dans la même syllabe, comme le *l* dans *blé, pluie*.

Les *consonnes initiales* se représentent par les signes alphabétiques. Les *finales* et les *médiantes* s'ob-

Pages
Exemples

Alphabet

Consonnes Initiales.

pe be me ge gue xe te de se ve le ye ne gne re se je che ze he

Consonnes Finales.

Consonnes Médiantes.

Voyelles Finales.

pa pan pé pi pin po pon poi peu pu pou pun pui

pè pia pian pié pien pieu pion poin

tiennent de la proportion ou de la position de ces signes sur la ligne d'écriture.

Voy. Pl. 2ᵉ., Nᵒ. 1ᵉʳ., alphabet des *consonnes
initiales*.

Chaque signe de cet Alphabet figure la consonne
au-dessous de laquelle il est placé.

Les consonnes ainsi représentées, lorsqu'elles ne
précèdent point une autre voyelle, s'articulent et se
traduisent comme suivies d'un *e*, c'est-à-dire *pe*, *be*,
me, etc.

Ces signes se tracent du haut en bas, se rangent
en ligne, et leur uniformité compose un corps d'é-
criture duquel ressortent, à l'instar des grandes lettres *p*, *l*, *f*, les signes dont l'expression des consonnes
finales et *médiantes* nécessite l'agrandissement ou
le déplacement.

L'extension des signes pour la désignation des consonnes *finales*, excepté le *q*, le *f* et le *v*, ne doit ex-
céder le corps de l'écriture que de la hauteur d'un jambage; elle est au contraire indéterminée au delà de cette
proportion pour ces trois lettres et pour les consonnes
médiantes. Ainsi le simple prolongement ou exhaussement indéfinis d'un signe indiquant déjà une consonne *finale*, marque la transposition de cette consonne comme *médiante*.

Ces proportions peuvent s'observer avec une précision mathématique, même dans la plus grande pré-
cipitation, au moyen de papier réglé par quatre lignes parallèlement tracées, comme pour recevoir de
la musique, ainsi qu'il est figuré Pl. 2, Nᵒˢ. 2 et 3.

On s'affranchira peu à peu de cette légère sujétion avec l'habitude de sténographier. Une seule ligne tracée suffit à l'intelligibilité de cette écriture, et lorsqu'on s'en sert pour composer, le coup d'œil et la mémoire rendent toute précaution inutile.

Des quatre parallèles que présentent ces alphabets, l'intervalle des deux centriques forme la ligne et la hauteur de l'écriture; entre ces deux lignes se placent les signes des syllabes qui ne comportent qu'une consonne sténographique, comme *ba*, *be*, *bi*, *bo*, *bu*, etc.

Les deux autres lignes établissent la limite de l'élévation ou du prolongement des signes qui doivent exprimer les syllabes composées de deux consonnes, dont une finale, comme *bal*, *bel*, *bil*, *bol*, *bul*, etc., et tous les signes qui ressortent de ces quatre lignes, dans telle proportion que ce soit, expriment les syllabes également composées de deux consonnes ; mais dont la dernière est médiante, comme *bla*, *ble*, *bli*, *blo*, *blu*, etc.

Les traits perpendiculaires figurés sur ces quatre lignes sont le signe *pe*, le plus propre à la démonstration ; les modifications qu'il subit, applicables à tous les autres signes, dénotent, en sus de sa signification alphabétique *pe*, la consonne *finale* ou *médiante* des syllabes *pep*, *peb*, *pem*, etc., *ppe*, *pbe*, *pme*, etc., auxquelles il correspond et que par conséquent il représente.

D'où il résulte qu'en formant tous les autres signes des consonnes initiales *be*, *me*, *qe*, etc., dans les mêmes proportions, positions et avec les mêmes modifications, on obtient successivement les syllabes *bep, beb, bem,* etc., *bpe, bbe, bme,* etc., etc.

Les traits épaissis démontrent qu'il faut appuyer sur la plume en formant le jambage des signes que l'on doit leur substituer. Les traits qui sont bouclés ou recourbés indiquent que le milieu du jambage des signes doit être bouclé ou recourbé de la même manière.

Les autres voyelles s'obtiennent de petites boucles et courbures qui s'adaptent au pied des signes initiaux, et s'identifient avec leur jambage comme les boucles et courbures qui caractérisent leur naissance. De sorte que la production des voyelles est d'une exécution presque toujours insensible, et notamment dans la formation des mots, ainsi qu'on le verra par la suite et Pl. 2, N°. 4.

Les signes des voyelles dans cet alphabet sont adaptés pour l'exemple au signe de la consonne initiale *pe,* avec lequel ils composent les syllabes *pa, pan, pé, pi,* etc.

Ces signes, adaptés de la même manière à tous les autres signes des consonnes, fourniront les syllabes *ba, ban,* etc., *ma, man,* etc., etc., qui, tracés dans les proportions et avec les modifications qui signalent les consonnes *finales* et *médiantes,* compléteront la nombreuse série des syllabes formées de deux consonnes, comme *pap, panp,* etc., *bap, banp,* etc., *map, manp,* etc., etc.

On observera que la production du signe de la

voyelle *é* n'est jamais nécessaire pour exprimer cette lettre après le *l* et le *r médians,* lorsque ces deux consonnes devraient être supprimées si elles étaient suivies d'un *e* muet, comme à la fin des mots *aimable, miracle, esclandre,* dont il est parlé plus haut. L'émission de ces deux lettres, dans ce cas, indiquera toujours après elles la présence de l'*é* fermé ou de l'*è* ouvert, et il suffira d'écrire *ple, bre, ble, gre, tre, vre,* pour désigner les mots *plaie, pré,* ou *près, blé, gré, très, vrai.*

La connaissance des signes étant la première condition du succès dans ce genre d'exercice, on appellera l'attention du lecteur sur quelques remarques propres à en faciliter l'étude.

La signification des signes est particulièrement fondée sur la ressemblance qui se rencontre dans leur formé avec celle des lettres qu'ils représentent.

Le signe du *p* est un jambage droit semblable au premier jambage de cette lettre ; celui du *b* est précisément un *b* renversé et retourné ; le *m* est formé du second jambage de cette lettre écrite en bâtarde ; le *t* se représente par cette même lettre renversée et sans barre, et le *c*, le *f* et le *l* sont exactement ces trois lettres sans liaison ni barre. (*Voyez* Pl. 2, N°. 1.)

Les autres signes qui n'ont point avec les lettres usuelles cette même conformité, sont assignés aux consonnes qui ont de l'analogie dans la prononciation avec celles exprimées par les signes desquels ils se rapprochent le plus. De cette manière, l'analogie des signes coïncidant avec l'analogie des lettres, on est constamment aidé dans leur interprétation, ou par leur ressemblance avec les lettres mêmes qu'ils représentent, ou par les rapports qu'ils ont entre eux : conséquence qui a motivé l'interversion opérée dans l'ordre alphabétique ordinaire des consonnes et des voyelles.

Le signe du *q*, entièrement bouclé, représente le *g* dur ; le *x*, qui tient de ces deux lettres, se distingue du *g* par le grossissement de la boucle.

La même modification des signes *l* et *n* en forme les consonnes *ye* (qui remplacent le *l* mouillé) et *gn*.

Le *d* est le signe du *t* sans recourbure ; le *v*, celui du *f* incliné, et les quatre lettres *s*, *ch*, *z*, *j* sont figurées par quatre signes couchés dans le même sens.

Le signe du *r* est le seul qui n'offre aucun point de comparaison.

Les mêmes remarques se reproduisent dans l'alphabet des consonnes finales, et conséquemment dans celui des médiantes.

La hauteur du *p* suit la direction du premier jambage de cette lettre à partir du pied de l'écriture ; le *m* est remarquable en ce qu'il n'a point de hauteur et qu'il est la seule consonne finale que l'on distingue par l'addition d'un trait ascendant ou liaison.

Le *t* s'élève comme le jambage de cette lettre, mais ne se descend que jusqu'au sommet de l'écriture.

La hauteur du *f* et celle du *l* sont semblables à celles de ces deux lettres.

Le *s*, auquel on donne souvent dans l'écriture expédiée la forme du *f*, se trouve en analogie de hauteur avec cette lettre ; seulement il suffit que le *s* excède l'écriture d'un demi-jambage du haut en bas, au lieu que l'exhaussement du *f* est illimité. (*Voyez* Pl. 2, N°. 2.)

Les autres consonnes dont la prononciation a de l'analogie avec celles-ci, s'obtiennent de la faculté que donnent les signes ainsi agrandis, et leur direction descendante d'appuyer plus fortement sur la plume en les formant, comme on en use quelquefois, quoique abusivement, dans l'écriture ordinaire, en traçant la queue des lettres *p*, *f*, *q*, etc.

Quoique le *q* et le *g* n'aient point d'analogie dans la prononoiation avec le *r*, on remarquera que ces deux lettres n'en diffèrent que par le renforcement du jambage des signes. Le défaut d'élémens n'ayant point permis d'en agir autrement, on observera à ce sujet que le *q* et le *g* sont peut-être de toutes les consonnes celles qui se rencontrent le plus rarement dans les syllabes, comme finales ou médiantes ; que le *r*, dans ces deux cas, au contraire, est très-usité et particulièrement comme médiant après les lettres *p*, *b*, *c*, *g*, *t*, *d*, *f*, *v*, avec lesquelles il forme les articulations *pr*, *br*, *cr*, *gr*, etc. Après les autres lettres avec lesquelles le *q* et le *g* s'assortissent le plus communément, le *r* est presque inusité ; on trouve fort peu d'articulations en *mr*, *lr*, *nr*, *sr*, *jr*.

Quant à ce mode de renforcement en général, il se réduit évidemment à l'usage d'une plume suffisamment fendue, et ne peut jamais laisser de doute sur l'intention de l'écrivain, dans les signes droits ou in-

Exemple de Syllabes Sténographiques formant des mots.

pas, pape, pâque, patte, paille, plat, part, page, pente, pendre, ponse, pelle, plaie, paye, peine, peigne, pere, pré, pêche

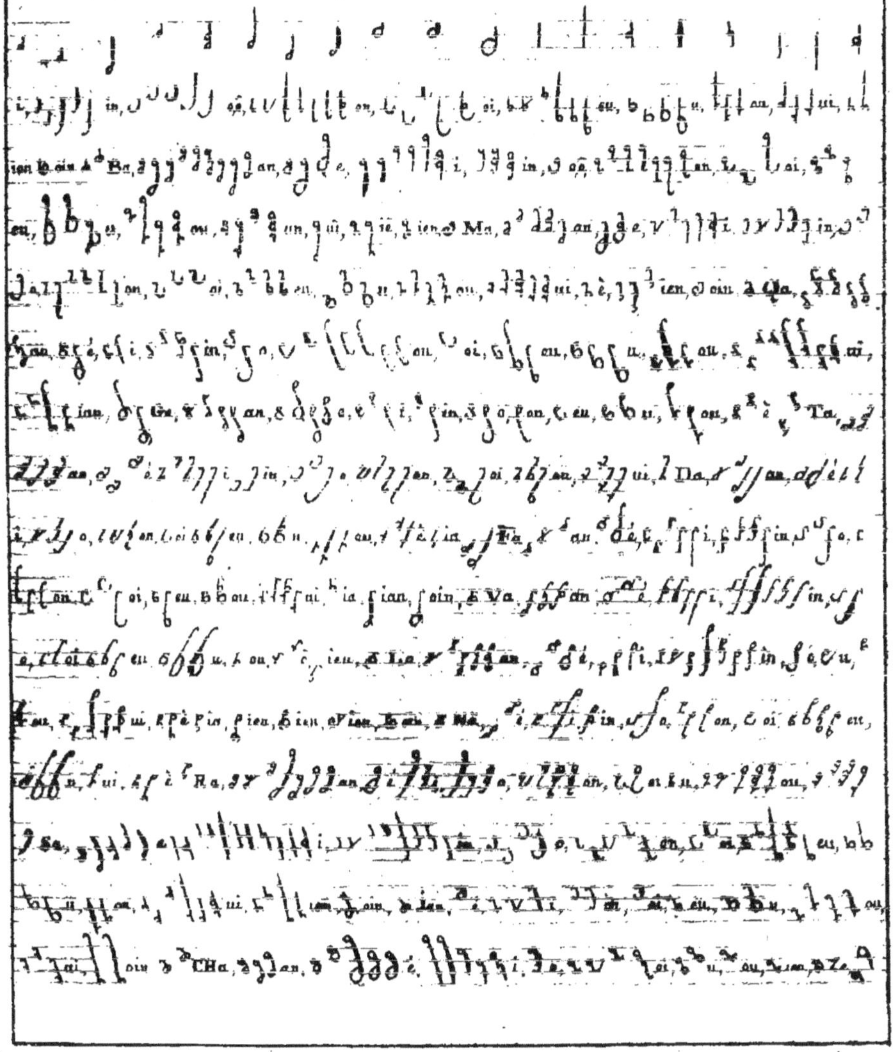

clinés dans le sens de la ronde ; l'inclinaison de la coulée est seule la moins propre à faire ressortir ce jeu de la plume. L'application de ce procédé, dans ce cas, est si rare, que la moindre attention dans ces passages moins coulans aplanit toute difficulté. On pourrait d'ailleurs employer très-intelligiblement toutes les lettres analogues les unes pour les autres. Les Sténographes qui suivent la parole ne tiennent compte que des articulations fortes, et se contentent d'écrire *aqonie*, *atmirer*, *feuf*, *reserser*, *tousours*, pour *agonie*, *admirer*, *veuf*, *rechercher*, *toujours*.

La formation entière des mots demande des explications qui font le sujet de la seconde et dernière partie de cet ouvrage.

La planche troisième est un recueil de syllabes sténographiques représentant des mots. L'étudiant s'attachera à les imiter correctement et à les bien relire avant de passer aux autres préceptes, afin de se bien familiariser avec les signes et de ne pas trop surcharger à-la-fois sa mémoire. Pour en rendre la traduction plus aisée, on y a désigné, en lettres usuelles, la première consonne de chaque série de syllabes et les voyelles dont elles se composent. Chacun de ces signes peut scolastiquement s'analyser ainsi qu'il suit :

Ligne première.

Signe initial *pe*, voyelle *a*, point de hauteur, syllabe *pa*, mot *pas*.

Signe initial *pe*, voyelle *a*; hauteur du *p* final, syllabe *pap*, mot *pape*.

Idem, idem, hauteur appuyée du *q* final, syllabe *paq*, mot *Pâque*.

Idem, idem; hauteur du *t* final, syllabe *pat*, mots *patte* et *pâte*.

Idem, idem; modification du *ye* final, syllabe *paye*, mot *paille*.

Idem, idem; hauteur du *l* médiant, syllabe *pla*, mot *plat*.

Idem, idem; hauteur du *r* final, syllabe *par*, mots *par* et *part*.

Idem, idem; hauteur du *j* final, syllabe, *paj*, mot *page*.

Signe initial *pe*, voyelle *an*; hauteur du *t* final, syllabe *pant*, mot *pente*.

Idem, idem; hauteur appuyée du *d* final, syllabe *pand*, mot *pendre*.

Idem, idem; hauteur du *s* final, syllabe *pans*, mots *panse*, *pense*.

Signe initial *pe*; hauteur du *l* final, syllabe *pel*, mot *pelle*.

Idem; hauteur du *l* médiant, syllabe *plé* ou *plès*, mot *plaie*.

Idem; modification du *ye* final, syllabe *peye*, mot *paye*.

Idem; hauteur appuyée du *n* final, syllabe *pen*, mots *pène*, *peine*.

Idem; modification du *gn* final, syllabe *pegn*, mot *peigne*.

Signe initial *pe*, hauteur du *r* final, syllabe *per*, mots *père*, *perd*, *pair*, *paire*.

Idem; hauteur du *r* médiant, syllabe *pré* ou *prè*, mots *pré*, *près*, *prêt*.

Idem; modification du *ch* final, syllabe *pech*, mot *pêche*.

Formation des Mots Sténographiques.

Toutes les lettres des syllabes pouvant ainsi se grouper sur un seul jambage, les mots se composent d'autant de jambages qu'ils comportent de syllabes.

Ces jambages se joignent sans interruption les uns aux autres, jusqu'à ce que les mots soient entièrement écrits, par une liaison semblable à celle des lettres usuelles.

Cette liaison se commence à partir de la terminaison des signes des consonnes ou de ceux des voyelles, et se prolonge jusqu'à la naissance du signe qui suit, ainsi qu'il est figuré Pl. 4, N°ˢ. 5 et 7. Le premier de ces deux exemples représente tous les signes des consonnes liés deux à deux. On y remarquera quelques changemens dans la forme des signes *b*, *r* et *ch*. Le second exemple, N°. 7, offre la manière de lier les voyelles dans toutes les positions possibles et de les représenter au commencement des mots.

Celles qui n'y sont point reproduites indiquent que leurs signes ne peuvent s'employer qu'à la fin des mots. On trouvera dans les règles qui suivent la manière de représenter ces voyelles dans toutes les autres positions.

Liaison des Signes.

Consonnes.

pe be me ge gue xe te de fe ve le ye ne gue re se je che ze

Voyelles.

a an é è i in o on oi eu u ou un ui

Voyelles Initiales.

et dans toutes leurs combinaisons avec les consonnes.

a an é è i in o on

oi eu u ou un ui la lan.

Abréviations.

able anse ible ié ion ité eur ment

Pages	Exemples
28 29 30	5
29 32 33	6
18	7
	8

Exemples
Dont le renvoi est indiqué dans l'instruction.

Règles.	Exemples.			
1.º	9	per-ple-xe	sti-pu-ler	sout-nab
2	10	re-per	roi-yom	ro-deur
3	11	ar-di	or-di-ner	or-gue
4	12	roi	é-ro	or
5	13	rir	res-ter	rol
6	14	su-rir	su-bir	pa-res

RÈGLE PREMIÈRE.

La liaison par laquelle tous les signes se joignent, n'ayant aucune signification, reçoit toutes les modifications que leur rapprochement et leur inégalité exigent; elle se prolonge, se raccourcit, et prend au besoin la direction horizontale ou descendante : exemple : Pl. 5, N°. 9, *perplexe, stipuler, soutenable.*

RÈGLE II.

Au commencement des mots, on pourra substituer au signe bouclé de la syllabe *re* un trait horizontal de la longueur de deux jambages au moins (*Voyez* Pl. 4, N°. 5, la liaison *re*); et, lorsque le *r* sera suivi d'une autre voyelle que l'*e*, on commencera ce trait par le signe de la voyelle : exemple, Pl. 5, N°. 10, *repaire, royaume, rôdeur.* On trouvera la manière d'adapter les voyelles à ce trait horizontal dans l'exemple de la liaison de ces lettres entre elles, Pl. 4, N°. 6.

RÈGLE III.

Lorsque les voyelles précéderont le *r*, on ne formera le trait horizontal précité que de la longueur d'un jambage au plus, et de *ra* l'on fera *ar*, etc. : exemple, Pl. 5, N°. 11, *hardi, ordinaire, orgue.*

RÈGLE IV.

Lorsque le *r* est la seule consonne sténographique d'un mot, on le représente par ce même trait horizontal, que l'on commence ou termine par les signes des voyelles, selon la position de ces lettres : exemple, Pl. 5, N°. 12, *roi, héros, hors.*

RÈGLE V.

On conserve au *r* sa forme alphabétique lorsqu'il peut former une syllabe sténographique avec la consonne qui le suit : exemple, Pl. 5, N°. 13, *rire, rester, rôle.*

RÈGLE VI.

Lorsque le *r* et le *b* sont précédés d'une liaison horizontale ou d'un jambage terminé par les voyelles *an, oi, eu, u,* on peut les représenter plus brièvement par le troisième signe qui leur est assigné dans l'exemple de la liaison des signes Pl. 4, N°. 5 : exemple, Pl. 5, N°. 14, *surir, subir, paresse.*

Le *h* ne s'emploiera qu'aspiré.

RÈGLE VII.

L'identité des signes agrandis étant la base de la brièveté de ce système, on recomposera les syllabes des mots de la manière la plus propre à multiplier ces signes ; les mots *supplice, perspicace, république* se sténographieront par les syllabes *sup-lis, per-spi-cas, ré-pub-liq* : exemple, Pl. 6, N°. 15.

RÈGLE VIII.

Lorsqu'on ne peut éviter d'avoir à exprimer une consonne seule, on figure cette lettre deux fois en

Pl. 6.

Regles.
Exemples.

Exemples
Dont le renvoi est indiqué dans l'instruction.

sup-lis   per-spi-cas   re-pub-liq
7 15

ss-plan-deur   pro-ss-per   stu-tt-gar
8 16

a-pel   é-nes   on-de
9 17

u-niq   ou-se   u-saj
10 18

a-ll-mann-a   lan-guis-an   i-mo-der-é
1 19

pé-i   pli-é   ga-o
2 20

traçant son signe initial de la hauteur qui la représente comme médiante : exemple, Pl. 6, N°. 16,
splendeur, *prosper*, *Stuttgard*.

RÈGLE IX.

Les voyelles au commencement des mots se joignent au signe qui les suit par une liaison ascendante
que l'on commence par les signes de ces lettres, et à laquelle on donne la longueur d'un jambage ; l'on double
cette proportion pour les syllabes *an*, *in*, *on*, *lan*. (*Voir*
manière de figurer les voyelles au commencement des
mots, Pl. 4, N°. 7.) On remarquera, dans cet exemple, que le trait précédemment assigné à la syllabe *re*,
figuré de la longueur d'un jambage au plus, représente la voyelle *é* : exemple, Pl. 6, N°. 17, *appel*,
aînesse, *onde*.

RÈGLE X.

Les signes des voyelles *u*, *ou*, au commencement
des mots, se tracent de droite ou de gauche, selon
la forme du signe auquel ils s'adaptent : exemple,
Pl. 6, N°. 18, *unique*, *housse*, *usage*.

RÈGLE XI.

Lorsqu'une voyelle à la fin d'un mot suit une syllabe dont la dernière lettre est une consonne, on
ajoute au signe de cette syllabe la liaison ascendante,
que l'on termine par le signe de la voyelle, en ne
donnant à cette liaison que l'étendue d'un jambage.
Voir, pour l'application de cette règle, Pl. 4, N°. 7,

et exemple, Pl. 6, N°. 19, *almanach, languissant, immodéré.*

RÈGLE XII.

Lorsqu'à la fin d'un mot deux voyelles formant deux sons se suivent immédiatement, la première s'adapte comme de coutume au pied du signe qui la précède, et la seconde se joint à la première par la liaison horizontale particulièrement affectée à la jonction de ces lettres. *Voir*, Pl. 4, N°. 6, représentant les voyelles liées trois à trois, et exemple, Pl. 6, N°. 20, *pays, plié, chaos.*

RÈGLE XIII.

Lorsque deux voyelles formant deux sons se trouvent entre deux consonnes, on identifie ces deux consonnes en traçant le signe de la première de la hauteur finale de la seconde, et l'on termine ce jambage par le signe de la première voyelle, auquel on joint celui de la seconde par la liaison horizontale, comme si ces voyelles terminaient la syllabe : exemple, Pl. 7, N°. 21, *duel, météore, déesse.*

RÈGLE XIV.

Lorsqu'une syllabe de ce genre se trouve au milieu d'un mot, pour la joindre au signe qui suit, on commence la liaison à partir de la terminaison du signe de la dernière voyelle : exemple, Pl. 7, N°. 2, *paysanne, gladiateur, mielleux*, et Pl. 4, N°. 7.

Exemples
Dont le renvoi est indiqué dans l'instruction.

Regles.	Exemples.			
		duel.	me-téor	dees
13	21			
		pe-i-sann	gla-di-a-teur	miel-eu
14	22			
		sal-u-é	deif-i-é	char-i-o
15	23			
		sim-i-ler	fam-i-liar-i-té	mir-i-a-met
16	24			
		a-fam-é	sem-é	pre-sum-é
17	25			
		ou-a-ye	a-i-sab	i-o-i-de
18	26			

RÈGLE XV.

Lorsque plusieurs voyelles à la fin d'un mot suivent une syllabe terminée par une consonne, la première de ces voyelles se joint à cette syllabe par la liaison ascendante, comme dans la Règle **XI**, et les autres voyelles se joignent à la première par la liaison horizontale. *Voyez* Pl. 4, N°. 6, et exemple, Pl. 7, N°. 23, *saluer, déifier, chariot.*

RÈGLE XVI.

Lorsque ce genre de groupe est suivi d'un autre signe, on le joint à ce signe par la liaison la plus convenable. *Voyez,* Pl. 4, N°. 7, et exemple, Pl. 7, N°. 24, *similaire, familiarité, myriamètre.*

RÈGLE XVII.

Lorsque la voyelle *é*, à la fin d'un mot, suit une syllabe terminée par le *m*, on prolonge indéfiniment la liaison qui est le signe caractéristique de cette consonne, et l'on exprime ainsi cette voyelle, dans ce cas seulement : exemple, Pl. 7, N°. 25, *affamé, semer, présumer.*

RÈGLE XVIII.

Lorsqu'un mot commence par plusieurs voyelles, ces lettres se joignent plus commodément entre elles et au jambage qui suit par la liaison horizontale. *Voy.* Pl. 4, N°. 6, et exemple, Pl. 7, N°. 26, *ouailles, haïssable, hyoïde.*

RÈGLE XIX.

On représentera, par les signes figurés Pl. 4, N°. 8, jetés au - dessus ou au - dessous du dernier signe écrit, les terminaisons les plus usitées des mots dont la tenue entière serait une prolixité dans une écriture aussi laconique, et l'on retranchera de ces mots toutes les lettres qui ne seront pas nécessaires à leur intelligibilité : exemple, Pl. 8, N°. 27, *dénonciation, indivisibilité, considérablement*. Dans les autres cas, la finale *ment* se rendra par le *m*.

RÈGLE XX.

Les mots qui, n'étant point terminés par les désinences dont il est parlé dans la règle précédente, se prêteront à ce genre d'abréviation, se réduiront en ajoutant la dernière voyelle du mot entier à la dernière syllabe écrite par une liaison indéfiniment prolongée : exemple, Pl. 9, N°. 28, *avaricieux, prière, mariage*.

RÈGLE XXI.

Lorsque les voyelles seules représentent des mots, leur liaison devenant inutile, on ne figure que la petite boucle ou courbure qui les caractérise. Ces signes étant très-expéditifs, on a multiplié leur signification par les différentes positions qu'on pouvait leur donner sur la ligne d'écriture. *Voyez*, Pl. 8, N°. 29, MONO-SYLLABES.

Regles. | Exemples.

Exemples

Dont le renvoi est indiqué dans l'instruction.

19 | 27

de-nons...ion   in-div-i...ité   con-si-der...ment

20 | 28

a-var...ieu   pri-é...   mar-ia...

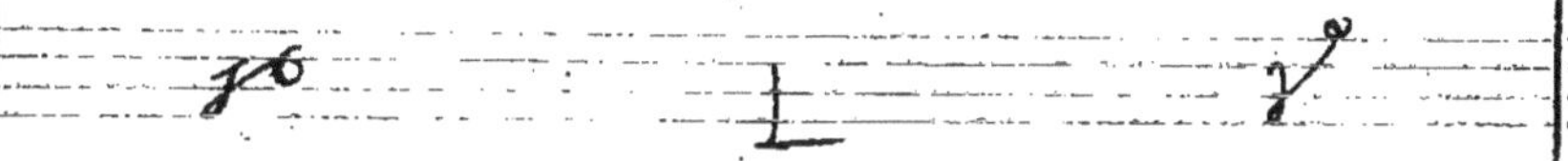

Monosyllabes

[illegible]0 | 29

an a à la et elle un une lui leur y il ils

on au aux ah ô oh eut eux ou est il est le la les

Numération

[illegible]5 | 30

1 2 3 4 5 6 7 8 9 0   1er 2e 3e 4e 5e 6e 7e 8e 9e dernier

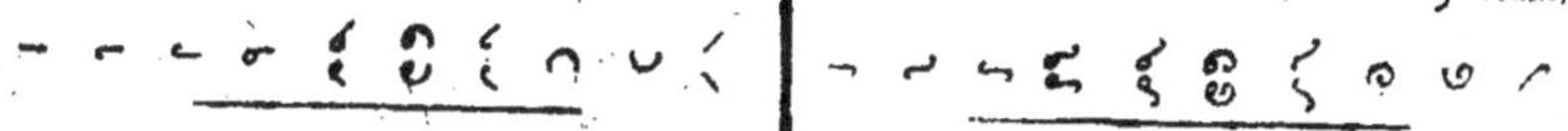

1111 11144 15454 16064 7007   prem.t 2.t 3.t 4.t 5.t 6.t 7.t 8.t 9.t dernier.t

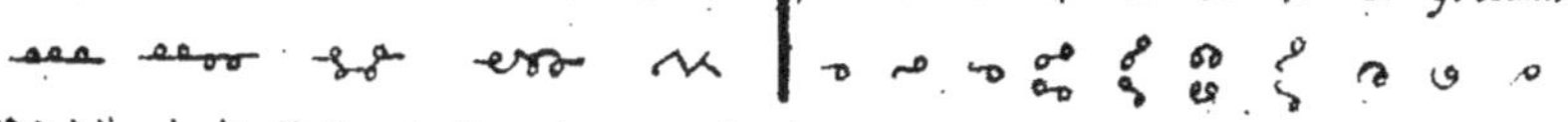

Nª On indique la réduplication du Signe 1, par une boucle contournée dans le sens inverse de celle du 4 et l'on choisit celui des deux Signes 5,6,7 et 0 qui est le plus propre à conserver l'alignement des groupes.

Syncopes
Dont l'emploi est facultatif.

Bientôt, bien, bon, qu'il, que, qui, comme, je suis, je, j'ai, avoir, aucun-e, autre, autant, au lieu,

afin, enfin, avant, ici, ainsi, aussi, mon, (me moi), ma, ton (le tu), ta, nous, vous, elles, leurs, vos

de la, du, point, pas, par, presque, parceque, puisque, pourquoi, plus, plusieurs, pour, propre,

beaucoup, maintenant, quoi, quelque, combien, car, encore, qu'ils, grand-e, extrême, exprès,

extraordinaire, tout-e, toujours, avec, voilà, voici, néanmoins, malgré, nous nous, vous vous, il se,

ayant, ayant été, ayant eu, d'ailleurs, cependant, instant, aussitôt, surtout, ensuite, souvent, suivant,

celui, sur, en sorte, jusque, jusqu'à, lorsque, sous, de se, de lui, prince, croire, (de soi,) sa, son.

Ponctuation

La simplicité de l'alphabet numérique de cette Sténographie, figuré Pl. 8 , N°. 30, et les exemples qui en sont donnés, dispensent d'en faire l'explication. On fera remarquer, comme un des avantages de cette méthode sur toutes les autres, que les signes des chiffres n'ont point de rapport avec ceux des lettres, et qu'ils s'enlacent sans liaison ; ce qui rend leurs groupes aussi distincts des mots que dans le type ordinaire.

La planche 9 est un recueil de mots syncopés, dont le fréquent emploi répandra une grande brièveté dans l'écriture.

Ces signes ne sont point un supplément de l'alphabet, et sont d'une étude beaucoup plus simple qu'ils pourraient le faire présumer. Les mots *qu'ils*, *que*, *qui*, *comme*, *je suis*, *je*, *j'ai*, sont représentés par des signes qui ont beaucoup d'analogie avec le *q* et le *j*. Les pronoms sont indiqués par leur lettre initiale placée sur la ligne, au-dessus et au-dessous. Les mots *aucun*, *aucune*, *autre*, *autant*, *afin*, *enfin*, *avant*, *ici*, *ainsi*, *aussi*, se tracent de bas en haut, et sont formés de la liaison ascendante commencée et terminée par la première et la dernière voyelle de ces mots, et tracée de la hauteur finale de leur consonne intermédiaire, de sorte que ces mots sont ainsi exactement exprimés. Les autres mots sont figurés par leur première syllabe ou par les lettres les plus propres à en donner l'idée, comme *pquoi*, *beauc*, *queq*, qui y sont pris pour *pourquoi*, *beaucoup*, *quelque*.

Cette planche est terminée par les signes de la ponctuation. L'on se contentera d'espacer les mots pour marquer les repos lorsqu'il sera besoin de célérité.

Les Planches 10 et 11 offrent deux exemples complets de cette sténographie; on y découvrira une foule d'abréviations, dans le tracé et l'interprétation des signes, propres à ce seul genre d'écriture : son mécanisme et l'habitude les suggéreront et les rendront aussi familières que si elles pouvaient être posées en principes; l'étudiant les recueillera, afin d'en bien pénétrer le sens et d'en pouvoir faire l'application dans tous les cas où elles pourront être pratiquées. Les noms propres y sont désignés par un point placé au-dessus de leurs signes. Le premier exemple est écrit sur deux lignes parallèles, et le prolongement des plus grandes lettres est fixé par une ligne espacée des deux premières, de deux fois la hauteur de leur intervalle. Tous les signes qui arrivent jusqu'à cette ligne dénotent les consonnes médiantes, et les autres expriment les consonnes finales.

On a adopté de préférence ce dernier mode à celui usité jusqu'ici, comme offrant à l'œil plus de netteté, et comme étant le plus propre à limiter l'espace des lignes et à former des recueils.

On se procurera, sur commande, chez tous les papetiers, du papier réglé de cette manière, aussi facilement que du papier de musique; et l'on trouvera, chez l'auteur, des règles propres à ce genre de réglure, au prix de 1 fr. : autrement, on peut se contenter d'écrire sur deux lignes, comme dans le second exemple de la Pl. 10 , ce qu'on obtient très-commodé-

Exemple de l'Ecriture Sténographique.

(Traduction de la Planche VII. de la Sténographie de M. Conen de Prépean. dernière édition.)

ELOGE DE L'ECRITURE.

L'esprit de l'homme s'est signalé par mille découvertes dignes d'admiration ; mais s'il en est une dont il puisse

Suite de la Planche...

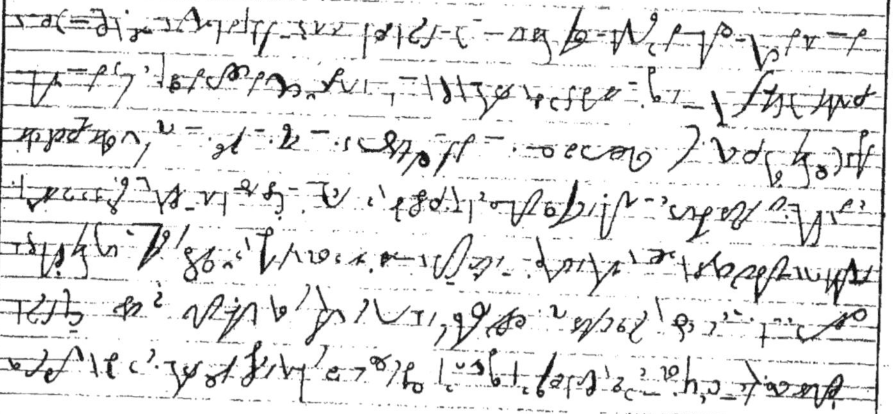

Avantures de Télémaque. *Livre 1.er Pag. 1ere et Suivante.*

Calipso ne pouvait se consoler du départ d'Ulisse; dans sa douleur elle se trouvait malheureuse d'être

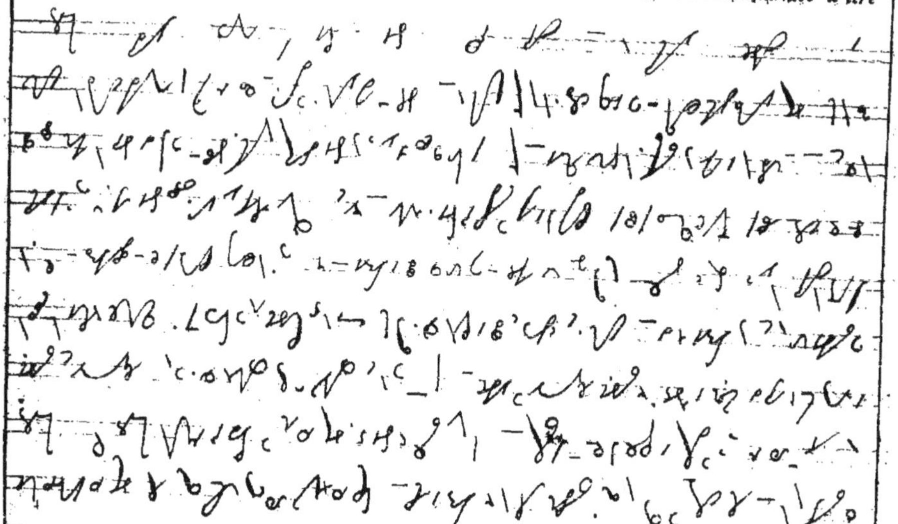

ment des règles grillées dont on se sert journellement,
en traçant des deux côtés de chaque intervalle.

On n'a point fait d'application de cette écriture à
la langue latine, la fixité de son exactitude la ren-
dant visiblement propre à toutes les langues qui ont
notre alphabet pour base.

TRADUCTION DE LA PLANCHE X.

Eloge de l'Écriture.

« L'ESPRIT de l'homme s'est signalé par mille
» découvertes dignes d'admiration ; mais s'il en est
» une dont il puisse surtout se glorifier, c'est, sans
» contredit, l'art presque divin de l'écriture. Après
» le don de la parole, qu'il tient du Créateur, il n'a
» rien de plus cher et de plus précieux. Art des arts,
» science des sciences, l'écriture l'a conduit à la
» source de toutes les vérités. Sans elle, malgré l'ex-
» cellence de sa raison, il serait encore plongé dans
» l'ignorance : à peine connaîtrait-il l'inestimable
» prix de la pensée et de la réflexion. Invention su-
» blime ! chef-d'œuvre du génie ! l'écriture est pour
» nous une nouvelle faculté, un nouvel organe qui
» ne le cède point à ceux dont la nature nous a
» doués. C'est une seconde voix, dont les accens se
» font entendre sans le secours des sons ; une seconde

» parole qui donne à l'œil la propriété de l'oreille.
» Par elle, le muet converse avec le sourd : l'un
» parle et l'autre entend. C'est une nouvelle mémoire
» dont l'étendue n'a point de borne ; qui se charge,
» sans aucune peine, de toutes les choses que nous
» avons à lui confier, quel qu'en soit le nombre,
» quelle qu'en soit la variété.

» Ingénieuse image de la pensée, fidèle écho de
» l'âme, confidente et messagère de ses sentimens,
» l'écriture se charge de nos sensations, de nos dé-
» sirs, de nos mouvemens les plus secrets. Comme
» une glace pure et inaltérable, elle les réfléchit
» dans le même ordre, avec les nuances les plus dé-
» licates, sans les altérer, sans les confondre. Jamais
» envoyé ne les rendit, ne les répéta aussi fidèle-
» ment. Portée sur ses ailes, la parole n'est plus
» circonscrite dans l'espace étroit de quelque lieu ;
» elle franchit les mers, elle parcourt les deux hé-
» misphères, elle se fait entendre aux deux extré-
» mités du monde.

» Monument presque indestructible, l'écriture
» seule peut véritablement immortaliser l'homme ;
» elle seule survit à ses ouvrages les plus durables ;
» elle seule triomphe des années, des siècles. Depuis
» long-temps les trophées d'Achille ne sont plus :
» les vers qui les célèbrent brillent encore de tout
» leur éclat. Déesse universelle des sciences et des
» arts, elle les embrasse et les anime tous : ils lui
» doivent leur accroissement, leur perfection et
» leur gloire. Elle appelle le génie, elle le réveille

» et lui donne une nouvelle activité. Elle est tout-
» à-la-fois le fil qui en dirige l'essor, le burin qui
» en grave les vestiges, l'élément où il vit, où il se
» perpétue.

   » Participant en quelque manière à la nature de
» l'âme, l'écriture est le lien des esprits : c'est par
» elle qu'ils commercent ensemble, qu'ils se com-
» muniquent de toutes parts leurs réflexions et leurs
» raisonnemens, qu'ils ne font qu'une seule masse
» de leurs connaissances, qu'un seul profite des lu-
» mières de tous. Dépositaire et véhicule de leurs
» pensées, elle les transmet à tous les peuples, elle
» les conserve dans tous les temps. C'est un flam-
» beau, c'est un astre qui luit sans se consumer, à
» la faveur duquel les siècles passés éclairent ceux
» qui les suivent. Sans elle la postérité ignorerait
» que d'autres générations l'ont précédée, que d'au-
» tres hommes ont existé.

   » Prodige vraiment incompréhensible ! l'écriture
» enchaîne l'idée, qui brille et s'évanouit comme
» l'éclair ; fixe le son et la voix, qui s'envolent sans
» retour ; donne à la parole impalpable la solidité
» du marbre, à la pensée fugitive l'éternité. Froide
» et insensible, elle vous échauffe, elle vous émeut ;
» elle réveille, elle calme les passions ; elle vous
» inspire mille sentimens divers. Elle sait également
» et répandre les fleurs du plaisir, et faire couler
» les larmes de la douleur. Disons plus : l'écriture,
» associant les substances les plus inconciliables,
» unit l'esprit à la matière, et l'y incorpore en quel-

» que sorte avec toutes ses facultés. Par son moyen,
» ce que la pensée a de plus brillant, le raisonne-
» ment de plus persuasif, la sensibilité de plus ex-
» quis, le goût de plus délicat, se répand comme
» une essence sur le papier, et s'y insinue pour ne
» faire plus avec lui qu'un même tout.

» Prenant, pour ainsi dire, un corps et une âme,
» l'écriture devient un personnage qui nous repré-
» sente un second nous-même. Elle nous reproduit,
» elle nous fait être en plusieurs lieux ; nous com-
» mandons, nous agissons où nous ne sommes pas.
» Par elle, ces sages, ces écrivains célèbres, qui
» firent l'ornement et la gloire de leur siècle, vi-
» vent et respirent encore. Dispersés dans les diffé-
» rentes parties et dans les différens âges du monde,
» elle les rapproche et les réunit; elle les fait coexis-
» ter ensemble et avec nous ; elle les rend nos con-
» temporains.

» Enfin le génie, dans la création de l'écriture,
» semble avoir fait l'effort le plus sublime dont il
» fût capable, et s'être surpassé lui-même pour ex-
» citer l'admiration et la reconnaissance. Il s'est alors
» élancé dans le ciel pour en rapporter le feu divin
» de Prométhée, et en communiquer l'étincelle à
» tous les esprits. Ce n'est en effet qu'à la propaga-
» tion de l'écriture que l'homme est redevable de
» la grandeur où il s'est élevé. Dès ce moment il a
» vu la lumière se fortifier autour de lui ; la sphère
» de ses idées s'est étendue, ses facultés intellec-

» tuelles se sont perfectionnées, et pour ainsi dire
» multipliées.

» Illustre Thoth ! immortel Hermès ! c'est là ton
» ouvrage : tels sont les effets de ta brillante inven-
» tion. Le monde littéraire te doit ainsi son exis-
» tence, tu en es le père et le fondateur ; sois aussi
» l'objet de ses éloges. Que tous les écrivains s'em-
» pressent à l'envi de célébrer ton nom et de chanter
» tes louanges. Plus ils ont acquis de gloire, plus ils
» doivent t'en faire hommage. C'est toi qui, en leur
» mettant la plume à la main, leur as ouvert le che-
» min à l'immortalité. »

FIN.

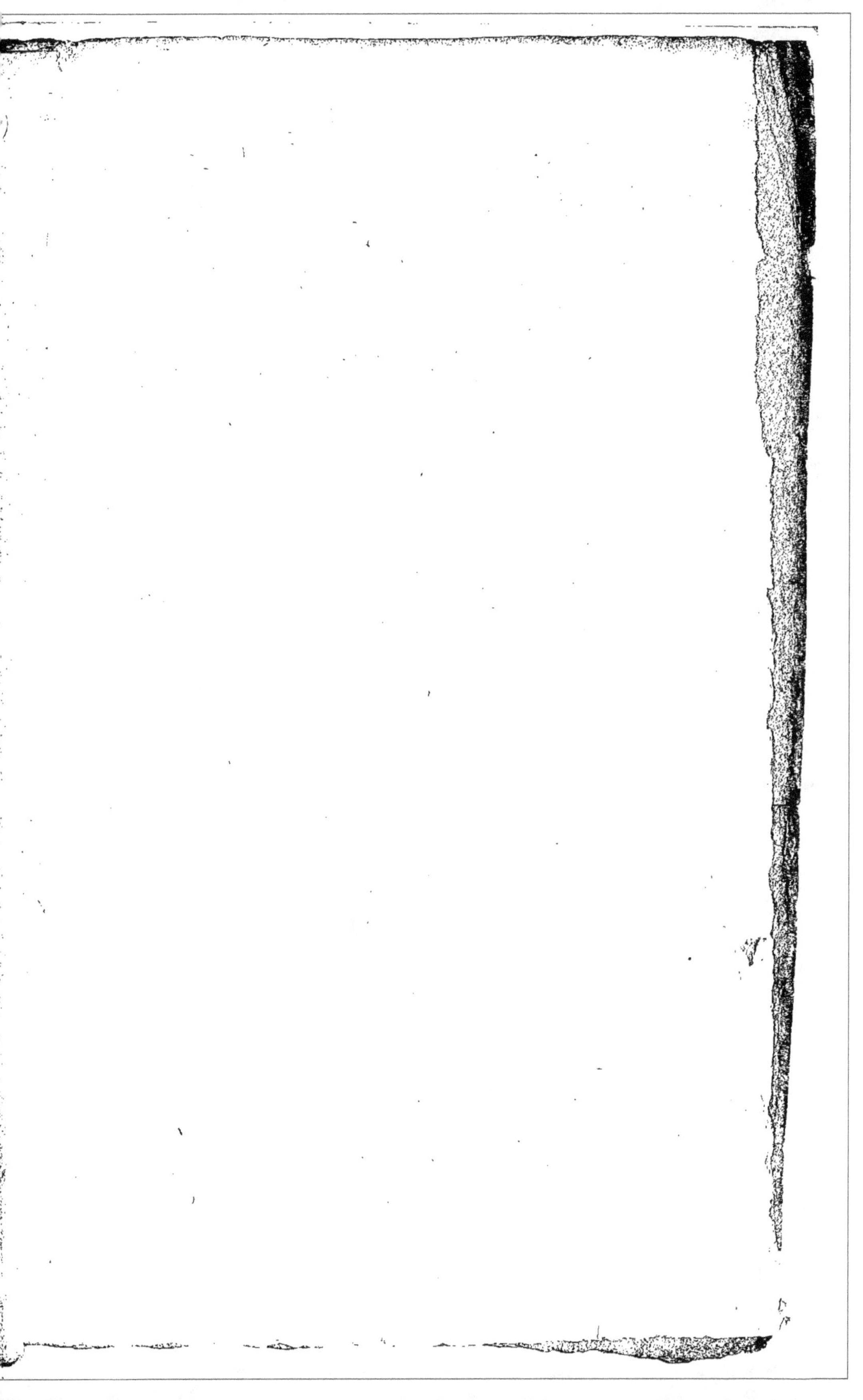

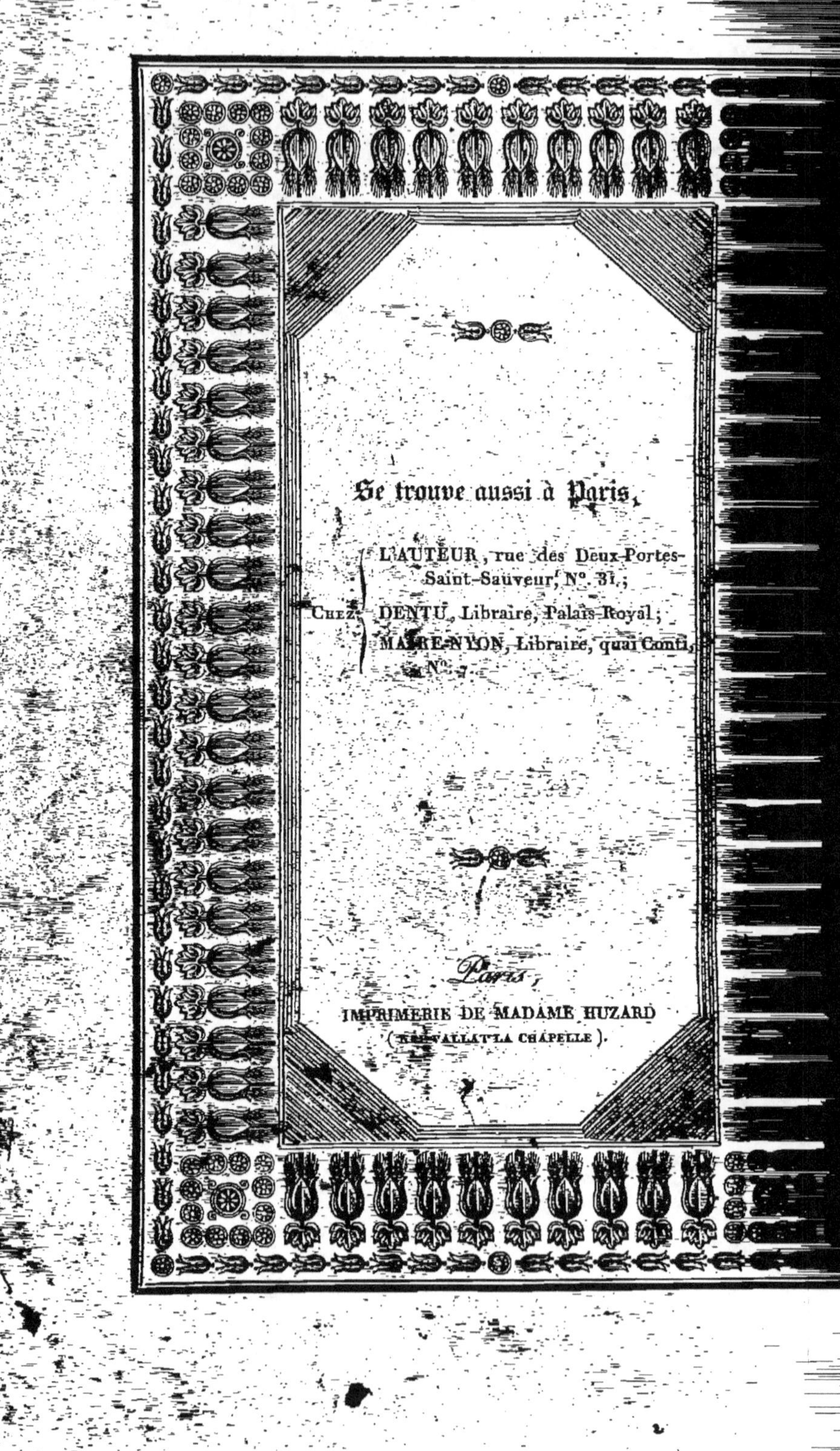
Se trouve aussi à Paris,

Chez { L'AUTEUR, rue des Deux-Portes-Saint-Sauveur, N°. 31;
DENTU, Libraire, Palais-Royal;
MAIRE-NYON, Libraire, quai Conti, N°. 7.

Paris,
IMPRIMERIE DE MADAME HUZARD
(RUE VALLAT-LA CHAPELLE).

www.ingramcontent.com/pod-product-compliance
Lightning Source LLC
LaVergne TN
LVHW010318030726
842520LV00004B/1144